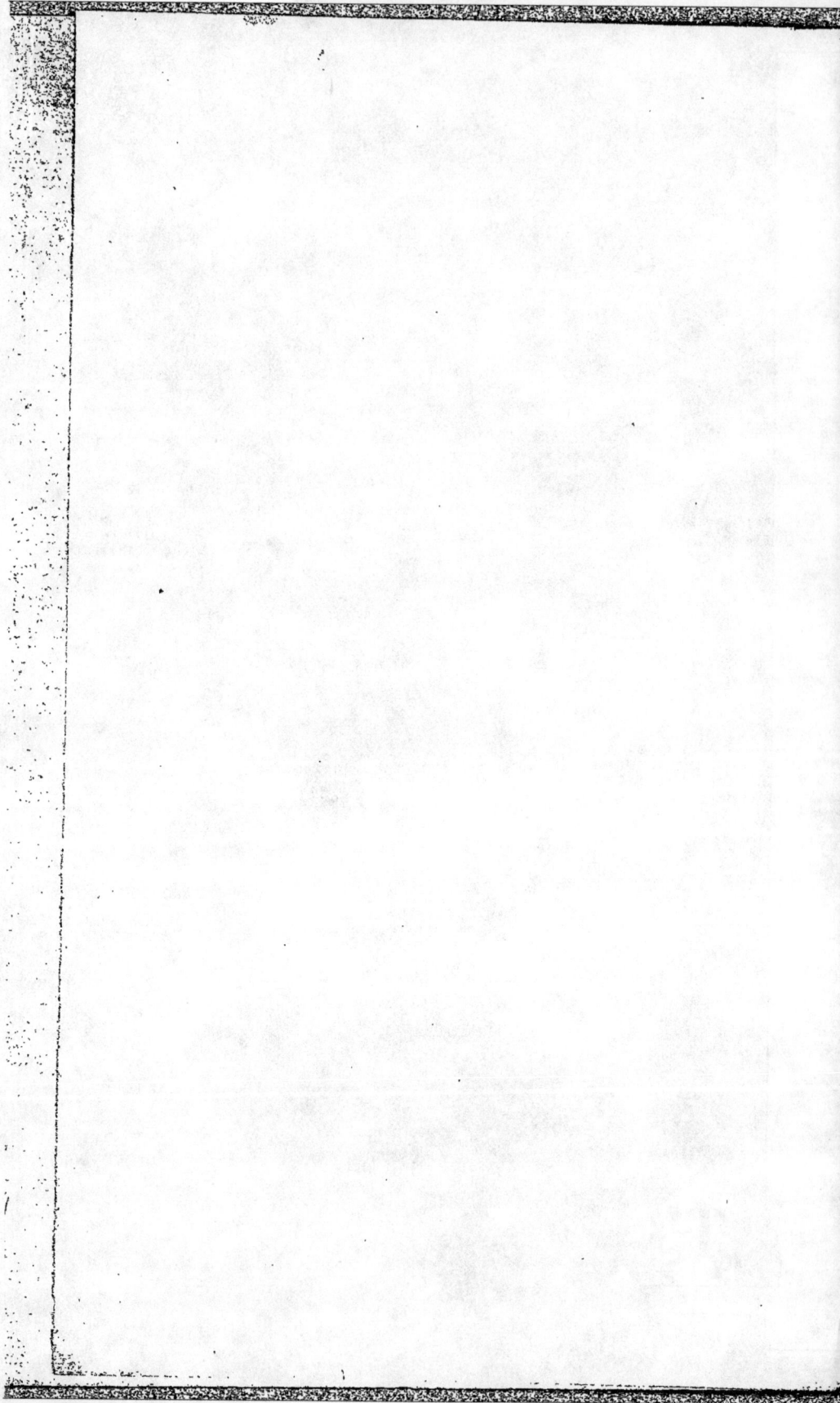

Coutumes de Hautes
lieux dit

MÉMOIRE

POUR PRÉSERVER

LES BÊTES A CORNES

DE LA MALADIE

ÉPIZOOTIQUE

Qui regne dans la Généralité de Soissons;

PAR M. DU FOT,

Médecin-Pensionnaire du Roi & de la ville de Soissons;
Démonstrateur des Accouchemens, & Membre
de la Société Royale d'Agriculture.

---

defessa jacebant
Corpora , mussabat tacito medicina timore.
Lucr. L. iv.

SECONDE ÉDITION.

A SOISSONS,
Chez PONCE COURTOIS, Imprimeur du
Roi, rue des Rats.
Et se trouve A PARIS,
Chez DUPUIS, Libraire, rue saint Jacques.

M. DCC. LXXIII.

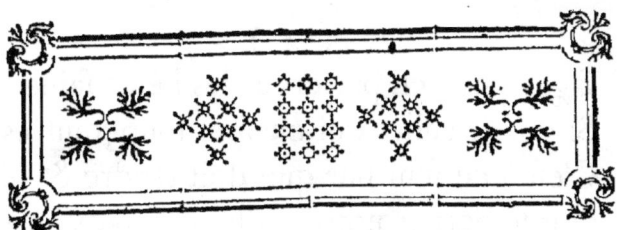

MÉMOIRE

Pour préserver les Bêtes à cornes *de la Maladie qui regne dans la Généralité de Soissons.*

LE temps est trop précieux, la maladie trop grave & trop importante pour nous livrer ici à des conjectures sur la cause premiere de ce fléau qui dépeuple nos étables, appauvrit le riche, ruine le pauvre, & fait chaque jour des progrès rapides.

Voyons uniquement quels sont les symptomes essentiels de cette cruelle maladie épizootique; décrivons briévement les phénomenes que l'ouverture des Cadavres nous a offert; donnons des moyens simples, mais efficaces, pour arrêter les progrès de la maladie; indiquons les secours qui nous ont paru être les plus

ſages pour en préſerver les bêtes ſaines ,
& guérir celles qui en ſont ſoupçonnées.
C'eſt à ce ſeul but que doit tendre & où
doit ſe borner notre miſſion. Envoyé par
M. LE PELETIER, Intendant de
la Province , je ſerai trop heureux ſi,
répondant à la confiance de ce Magiſtrat
qui honore l'humanité , la conſole & la
ſert , je fais le bien.

Symptomes de la maladie.

LES premiers ſymptomes de la maladie ſont ordinairement obſcurs & ca-
chés , même pour des yeux obſervateurs.
La maladie fait des progrès avant qu'on
la ſoupçonne , & parvient malheureuſe-
ment à ce période qui ne laiſſe plus d'eſpérance. Les principaux ſymptomes ſont
d'abord la triſteſſe de l'animal, la diminution du lait pour les vaches. Les yeux
ſont larmoyants , une humeur épaiſſe &
ſouvent puriforme ſort des points lacry-
maux. Les cornes & les oreilles ſont froi-
des. Les excréments ſont en petite quantité ; quand ils ſont abondants , ce qui eſt

rare , l'animal ne meurt pas. Plufieurs jettent une bave qui eft une efpece de fanie , qu'on fuit dans la diffection de la trachéeartere , dont la membrane interne tombe en diffolution. Tous ces fymptomes font précédés d'un dégoût général pour le fourrage ; ce dégoût annonce la maladie. Il eft effentiel de l'obferver. Enfin les animaux refufent toute efpece d'aliment folide & liquide. Le ventre s'affaiffe , fe tend , l'animal gémit & meurt.

Ouverture des cadavres.

L'OUVERTURE des cadavres des vaches malades & mortes , a jetté une grande lumiere fur le fiege de cette maladie , tant ceux que M. *Deberge* , Docteur en Médecine , affifté des fieurs *Duchemin* & *Serrurier* , Maîtres en Chirurgie à *la Fere* , a examinés , que ceux que j'ai ouverts avec le fieur *Dolignon* , Maître en Chirurgie à *Creffy fur Serre* , & *Ambroife Lelu* & *Foffier* , Maréchaux.

J'AI cru rendre nos obfervations plus fûres & plus fatisfaifantes en ouvrant d'abord une bête vivante & malade. Le sieur *Leblond*, Fermier à *Andelin*, a bien voulu faire le sacrifice d'un taureau attaqué de la maladie. L'intérêt particulier a été cette fois sacrifié au bien général. Puisse un désintéressement si utile au public être imité !

Voici les principaux phénomenes que nous a offert l'ouverture des cadavres.... Les glandes maxillaires étoient flasques, petites, elles paroissoient comme desséchées. Le premier estomac, nommé la *panse*, n'avoit rien de particulier. Selon les loix de l'économie animale pour les animaux ruminants, les aliments forcés par l'action des muscles à revenir de l'estomac ou *panse* dans la bouche y sont atténués, passent ensuite dans le *bonnet* pour y éprouver l'action du ferment, vont dans le *feuillet* & la *caillette* pour êtrè entiérerement digérés....

Le siege de la maladie est dans le second estomac, le *bonnet* ou *reseau*. Il étoit dans toutes les vaches qu'on a ouvertes tellement distendu & volumineux, qu'il n'auroit pu contenir une plus grande

quantité de fourrage. Le bol alimentaire
produit de la rumination, & qui rempliſ-
ſoit cette capacité, étoit ſi compaɛt,
qu'il paroiſſoit être une maſſe dure &
comme preſſée par une force ſupérieure
à celle d'un *tordoir*. Ce *Gâteau*, * c'eſt
ainſi que nous nommerons ce bol alimentaire, étoit ſec & ſans aucune humidité.
Les fibres des herbes qui le compoſoient,
étoient entaſſées les unes ſur les autres,
& paroiſſoient n'avoir ſubi aucune digeſtion. Les membranes de ce ſecond eſtomac étoient noirâtres, elles ſe déchiroient
& s'enlevoient facilement.

Les alvéoles du *bonnet*, qui dans l'état
naturel doivent contenir une grande
quantité d'humeur gaſtrique, étoient ſe-
ches & flétries. On n'y voyoit aucune
trace de ce ſuc qui ſert à la macération
& à la digeſtion des matieres contenues
dans le *bonnet*. La quatrieme tunique qui

---

* J'ai vu deux vaches que le Boucher de *Charme*
venoit de tuer & qui, quoique dans le pays où regne
la maladie, étoient ſaines. J'ai examiné leurs eſtomacs,
& n'ai trouvé dans aucun ce *Gâteau* ni la moindre trace de ſon exiſtence.

loge les alvéoles ou réfervoir de cette liqueur effentielle à la nutrition, doit être dure & calleufe ; nous l'avons trouvée molle, mais feche, & fe déchirant avec la plus grande facilité.

Le demi canal qui communique du *bonnet* à la *panfe* & au *feuillet*, ou troifieme eftomac, eft infiniment trop étroit pour laiffer paffer ce *Gâteau* dans le quatrieme eftomac ou *caillette*, qui devroit le tranfmettre aux inteftins. D'ailleurs ce fecond eftomac ainfi rempli, eft tellement preffé, qu'il doit abfolument perdre fa faculté expulfive. Ses fibres tranfverfes & droites ne peuvent plus fe contracter ni conféquemment chaffer les matieres qui doivent naturellement paffer dans le quatrieme eftomac, delà dans le canal inteftinal....

Nous n'entrerons pas dans le détail de tous les autres vifceres que nous avons attentivement examinés. Rien de fpécialement remarquable ni d'infolite. *La véficule du fiel* étoit diftendue par une bile très-fluide & d'un verd moins foncé que dans l'état naturel. Les deux Bouchers

qui étoient préfens & qui ont une con-
noiffance acquife par l'habitude de voir
les parties de l'animal , les ont trouvé
faines. Nous les avons confulté. Dès qu'il
s'agit de l'intérêt général, on ne fçauroit
raffembler trop de lumieres.

Il feroit auffi difficile que peû profita-
ble de vouloir deviner quelle eft la premiere caufe de l'épidémie..... Sont-ce
des *miafmes* peftilentiels apportés par
une vache des Pays-Bas, où regne une
maladie Epizootique , & qu'on a ame-
née dans ces contrées ? .... Seroit-ce
une *rouille* que la mazée auroit produit
par le féjour des eaux dans les prairies ,
& qui auroit corrompu les plantes ? ....
Doit-on attribuer cette maladie à l'abon-
dante & exceffive quantité de *fauterelles*
qu'on a vu cette année dans ces prairies ,
& qui ont mangé la pointe des herbes ,
& n'ont laiffé que des fibres dures & vi-
ciées ? .... Enfin eft-ce un *venin* conta-
gieux qui dépend d'une acreté *alkaline*
unie au *phlogiftique* & qui , porté par
l'air & introduit dans le corps de l'animal , a vicié les fucs digeftifs ? (Mais il

faudroit d'abord prouver l'exiſtence de l'*alkali*.) .... Queſtions gratuites, idées hypothétiques ! c'eſt la ſcience incréée qui connoît ſeule la vérité ; elle ne nous a pas même laiſſé ici la vraiſemblance.

CONTENTONS-nous de ſçavoir que la Médecine vétérinaire, ainſi que la Médecine humaine eſt ſemblable à une pyramide, dont le ſommet n'eſt vu que du Créateur. Indiquons les moyens les plus propres & les plus efficaces pour arrêter la maladie & borner la contagion. Nous n'avons pas de *ſpécifiques*, dès que l'animal eſt véritablement attaqué. Les Charlatans & les Fourbes, qui parcourent ces Contrées, en vendent journellement à la crédulité. Le *Gâteau* contenu dans le deuxieme eſtomac eſt un obſtacle inſurmontable au paſſage de tout aliment ; il produit une indigeſtion ſeche & cauſe une mort inévitable.

TOUTE notre eſpérance eſt donc dans les *préſervatifs*. M. *Deberge* & M. *du Four*, Médecin *à Noyon*, ont donné de ſages conſeils pour préſerver les bêtes ſaines. L'art Vétérinaire qui doit ſon exiſtence à ce *Miniſtre* chéri de ſon Maître & de la France, qui ſemble né pour faire le bien & pour le perpétuer ; cet Art ſi utile fera encore des progrès lorſque les Médecins & les Chirurgiens s'occuperont de cette partie de la Médecine d'où dépend la proſpérité commune. L'animal malade mérite leurs ſoins. Rien n'eſt au-deſſous de l'homme quand il s'agit de ſervir l'humanité. Nous trouverons des lumieres & des principes ſûrs pour la Médecine des animaux dans les ſçavants Ouvrages du célebre M. *Bourgelat*, que les Cultivateurs béniront à jamais.

PRÉCAUTIONS A PRENDRE.

SÉPAREZ les bêtes ſaines de celles qui ſont malades, ou qu'on ſoupçonne de l'être, qu'elles n'aient enſemble aucune communication, ſoit pour l'habitation, le boire & le manger. Renouvellez ſouvent l'air des étables. Enterrez le fumier des vaches malades ou mortes. Donnez ſouvent de la litiere fraîche. Brûlez une ou deux fois le jour un peu de *fleurs de ſoufre* dans les écuries. C'eſt un des meilleurs parfums pour détruire les infectes, pour corriger la virulence de l'air & tempérer la trop grande chaleur de l'atmosphere des étables. Bouchonnez les animaux fains & malades, non avec les mêmes bouchons ; étrillez-les une fois chaque jour. Enterrez profondément, au moins de cinq à fix pieds, les bêtes mortes, entaffez la terre qui les couvre. Découpez auparavant leur peau, pour empêcher l'homicide avarice des fripons de les en dépouiller à leur profit. Que les chiens ne mangent pas de la chair des animaux morts de la contagion. Qu'enfin ceux qui foignent les bêtes malades n'approchent point de celles qui font faines. Tels font les moyens les plus falutaires pour fauver de la mort ces animaux qui font nos richeffes. L'expérience ne les démentira pas.

R E M E D E S.

NOUS le répétons, ils ne font que préfervatifs. Les fecours humains les mieux indiqués font infuffifants dès que le *Gâteau* eft formié. Mais l'on peut efpé-

ter de fauver les bêtes malades au premier degré , c'eft-à-dire , lorfque leur
apétit diminue , & d'en préferver celles
qui ne font pas encore attaquées.

La faignée eft nuifible , fouvent même
mortelle. L'obfervation eft ici d'accord
avec la raifon. Ces animaux ont befoin
de toutes leurs forces. Ce ne font point
des engorgemens fanguins qui caufent
la maladie. La véritable indication eft
de délayer & de détremper les matieres
contenues dans les eftomacs , de rendre
liquide le bol alimentaire , d'empêcher
que le *Gâteau* ne fe forme , en un mot le
préfervatif & la curation eft l'*eau* , &
l'*eau* rendue purgative. *

Dès qu'on foupçonne l'animal , ainfi
que nous l'avons dit , *lorfque fon apétit
diminue* , il faut le mettre à la diéte , ne
lui donner pendant deux ou trois jours
que de l'eau blanche faite ainfi :

*Délayez dans douze livres d'eau de fontaine
ou de riviere une jointée de fon de froment ou
de méteil.*

---

* Voyez page 19 au *Préfervatif.*

Vous en donnerez plusieurs fois le jour une pinte à la bête malade. Le lait aigri est pernicieux aux animaux en santé comme en maladie. Quand il est doux, on peut en mêler avec cette eau blanche.

Il sera très-prudent de choisir le fourrage pour les vaches qui sont saines, ne les pas envoyer paître dans les prairies basses & humides ; les faire souvent & beaucoup boire, même avec la corne si elles s'y refusoient autrement. On les sauvera de l'épidémie en veillant sur la quantité & la qualité de leur nourriture.

Les *vomitifs* n'ont aucun effet sur les animaux ruminans. Leurs ventricules ne se prêtent nullement à leur effet. Les autres purgatifs n'auroient aucune action sur le *Gâteau*, soit à cause de sa compaccité, soit par rapport à la tension des tuniques du second estomac. Ils seroient inutiles & même nuisibles lorsque le *Gâteau* est formé, lorsque l'animal refuse toute espece d'aliment. L'irritation qu'ils produiroient hâteroit la mort.

Les *lavements* sont de toute nécessité,

mais il faut qu'ils foient fimples. Avant
d'en donner à l'animal malade ou en fan-
té , nétoyez avec la main frottée de
beurre , *l'inteftin rectum* , puis injectez-
y quatre à cinq livres de cette décoc-
tion :

> *Faites bouillir pendant quatre à cinq minutes*
> *une jointée de feuilles de Mauve ou Froumigeon.*
> *Laiffez refroidir & paffez à travers un linge ou un*
> *tamis.*

Bouchez l'anus avec une pelote de
vieux linge , que vous maintiendrez
pendant une demi-heure.

Tel eft le traitement fimple & mé-
thodique qui m'a paru être le plus propre , pour arrêter les progrès de la maladie. Elle n'eft pas femblable à celle de
1771 , qui a régné au midi de cette Province , que j'ai traité , & fur laquelle j'ai
fait imprimer à *Laon* , chez *Calvet* , un
Mémoire dont mal-à-propos on fuit le
traitement dans celle-ci.

Mes vœux feroient exaucés fi je pou-
vois prémunir les Gens de la campagne
contre la charlatanerie des impofteurs
qui les obfedent journellement. Qu'ils fe

défient enfin de ces Spécifiques & de ces Préservatifs qu'on offre sans cesse à leur crédulité. Ces Gens *à secrets*, vraies épidémies ambulantes, se succedent si rapidement dans nos Contrées, qu'on croiroit qu'elles sont livrées, comme par droit de conquête, à leur sordide avidité. Au prétendu *Guérisseur d'animaux* succede un autre empoissonneur qui vend aussi facilement son *Préservatif* que le premier. Des femmes qui ont le trop funeste talent de déraisonner, distribuent aussi des *remedes immanquables*.... On vend même des *amulettes*, parce que la contagion qui dépeuple nos étables est, comme l'assurent d'autres imposteurs, une *maladie sacrée*, un sort jetté sur les Bestiaux. Jusqu'à quand les Gens habitans des campagnes feront-ils victimes de la cupidité de ces ames de boue?.... Les charlatans obtiendront-ils encore long-tems une confiance que méritent seuls les Hommes instruits & tous ceux qui ont acquis les connoissances nécessaires dans ces *Ecoles* dont l'établissement est un des plus grands bienfaits du Gouvernement.

PRÉSERVATIF

P o u r les Bêtes à cornes *qui font fai-nes, & qu'il faut cependant garantir de l'épidémie.*

.... *Et ratio remedî communis certa dabatur.*

Lucr. L. iv.

QUELS foins & quelles attentions ne méritent pas ces animaux fi né-ceffaires ? Une vache feule eft le foutien d'une famille entiere qui du matin au foir eft livrée aux plus pénibles travaux. C'eft pour prefque tous les habitans de la campagne l'unique & principale douceur de leur vie ; tandis qu'ils font forcés de céder à d'autres les fruits de leurs peines, ils trouvent leur exiftence dans le lait que leur fourniffent leurs vaches. Elles font véritablement les meres nourrices des hommes. C'eft la partie la plus intéreſſante pour la culture ; elles donnent l'aliment du grain ; ſans elles il n'eſt point de moiſſon , puiſque ſans troupeaux il n'eſt point de culture. Il ne faut donc négliger aucun des ſoins que nous allons preſcrire : on les préſervera de la maladie & de la mort , & le ſuccès confirmera nos promeſſes.

PENDANT tout le tems que la maladie exiſtera dans ces Contrées ou aux environs , mettez toutes les bêtes ſaines à la *diéte* pendant trois ou quatre jours de chaque ſemaine , c'eſt-à-dire , ne leur donnez ces jours-là que de l'eau blanche [page 13.] Ceux qui en auront la faculté , y ajouteront une livre de *miel* & un demi-ſetier de *vinaigre*..... Faites-les boire ſouvent & très-ſouvent. Servez-vous de la corne , ſi cela eſt néceſſaire.... Si elles ne fientent point ſelon leur coutume , donnez-leur des lavemens chaque jour. La moindre diminution dans cette évacuation exige abſolument ce ſecours , il préviendra la maladie....Bouchonnezles foir & matin avec des bouchons de paille trempés dans l'eau mêlée d'un tiers de *vinaigre* ; mais ne vous fervez jamais deux fois du même bouchon. .... Panfez-les comme les chevaux.... Tenez les éta-bles & les créches nétoyés de toute mal-propreté.... Changez chaque jour leur litiere...., Que l'air des écuries foit fou-vent renouvellé.... Parfumez-les avec les *fleurs* de *foufre* , & fuivez ce qui eft pref--crit [pag. 1 1 & 1 2] .... Dès que l'animal ceffe de manger tout fon fourage , dès-lórs donnez-lui le matin à jeun une pinte *d'eau blanche* que vous aurez fait tiédir & dans laquelle vous aurez fait fondre dix grains d'*émétique*.... Faites-lui pren-dre la même potion le lendemain, & ces deux jours-là tenez-le à la diéte. Le troi-fieme & quatrieme jour vous lui donne-rez un peu de *thériaque* dans deux verres de vin. Je dois ce remede à l'heureufe ex-périence qu'en a fait Monfieur Bourgeois, Curé de Morgni ,

Ne gloriari libeat alienis bonis.　　　　(Phedre.)

& j'en rends mille actions de graces à ce Miniftre de charité au nom du public qui en a retiré de fi grands avantages. Telles font les précautions les plus fages qui conferveront ces animaux fi néceffaires à l'exiftence de tant d'individus. L'efpérance que nous avions donnée dans la premiere édition de ce *Mémoire*,* a été confirmée par le fuccès, & *propre* aucune des *bétes à cornes*, pour lefquelles on a exactement fuivi ce qui eft ici confeillé, n'a été attaquée de la maladie.

---

* Le 21 Septembre 1773.

A Soiffons le 18 Décembre 1773.